全国高级技工学校电气自动化设备安装与维修专业教材

传感器应用技术习题册

中国劳动社会保障出版社

图书在版编目(CIP)数据

传感器应用技术习题册/人力资源和社会保障部教材办公室组织编写．—北京：中国劳动社会保障出版社，2012

全国高级技工学校电气自动化设备安装与维修专业教材

ISBN 978－7－5045－9625－3

Ⅰ.①传…　Ⅱ.①人…　Ⅲ.①传感器-技工学校-习题集　Ⅳ.①TP212－44

中国版本图书馆 CIP 数据核字(2012)第 042294 号

中国劳动社会保障出版社出版发行

（北京市惠新东街 1 号　邮政编码：100029）

出 版 人：张梦欣

*

三河市潮河印业有限公司印刷装订　　新华书店经销

787 毫米×1092 毫米　16 开本　3 印张　71 千字

2012 年 4 月第 1 版　　2025 年 11 月第 20 次印刷

定价：6.00 元

营销中心电话：400－606－6496

出版社网址：http://www.class.com.cn

http://jg.class.com.cn

目　　录

第一章　传感器技术基础

第一节　传感器基本知识

一、填空题

1. 测量电路把传感器的输出信号变换成__________信号，使其能在指示仪上指示或在记录仪中记录。

2. 通常用传感器的___________和___________来描述其输入—输出特性。

3. 测量系统的静态特性指标主要有______________________________________等。

4. 传感器能够____，传感器通常由直接响应于被测量的___________和产生可用信号输出的___________以及相应的___________组成。

5. 传感器的灵敏度是指稳态标准条件下，_____________与____________之比，线性传感器的灵敏度是个___________。

6. 传感器技术的共性，就是利用物理定律和物质的物理、化学及生物特性将非电量转换成__________。

7. 传感器通常由______________、_______________、____________三部分组成。

二、选择题

1. 传感器能感知的输入量越小，说明（　　）。

　A. 线性度越好　　B. 迟滞越小　　C. 重复性越好　　D. 分辨率越高

2. 在传感器的分类中，按输入量来分，免疫传感器属于（　　）。

　A. 物理传感器　　B. 化学传感器　　C. 生物传感器　　D. 数字传感器

3. 传感器的输出对随时间变化的输入量的响应称为传感器的（　　）。

　A. 动态响应　　B. 线性度　　C. 重复性　　D. 稳定性

4. 下列选项中，主要完成传感器输出信号处理的是（　　）。

　A. 传感器接口电路　　B. 信号转换电路　　C. 放大器　　D. 编码器

5. 属于传感器动态特性指标的是（　　）。

　A. 重复性　　B. 固有频率　　C. 灵敏度　　D. 漂移

6. 传感器的主要功能是（　　）。

　A. 检测和转换　　B. 滤波和放大　　C. 调制和解调　　D. 传输和显示

7. 传感器应具有比较高的（　　），尽量减少从外界引入的干扰信号。

　A. 灵敏度　　B. 信噪比　　C. 稳定性　　D. 线性范围

8. 精度较高的传感器都需要定期校准，一般每（　　）校准一次。

　A. 1 ~2 个月　　B. 3 ~6 个月　　C. 1 年　　D. 2 年

三、简答题

1. 什么是传感器？它由哪几部分组成？

2. 传感器有哪些性能指标？

3. 传感器通常由哪几部分组成？传感器通常分为哪几类？若按转换原理分，可以分成几类？

第二节　测量基本知识

一、填空题

1. 测量的实质是一个__________的过程，即将被测量与同性质的标准量进行比较，获得被测量为__________的若干倍的数量概念。

2. 测量过程的三要素是__________、__________和__________。

3. 用测量仪表对被测量进行测量时，测量结果与被测量的__________之间的差值被称为误差。

4．粗大误差通常是由__________因素造成的。

二、选择题

1．对于腐蚀性介质及危险场合的参数检测，可采用（　　）方法。

A．接触式测量　　B．非接触式测量　　C．静态测量

2．某人分别在三家商店购买了 100 kg 大白菜、10 kg 苹果、1 kg 糖果，发现均短缺约 0.5 kg，但该人对卖糖果的商店意见最大。在这个例子中，产生此心理作用的主要因素是（　　）。

A．绝对误差　　B．相对误差　　C．粗大误差

3．下列选项中，不属于按误差出现规律分类的是（　　）。

A．粗大误差　　B．相对误差　　C．随机误差

4．（　　）表现了测量结果的分散性，其越小，精密度越高。

A．随机误差　　B．绝对误差　　C．系统误差

5．电工实验中，常用平衡电桥测量电阻的阻值，属于（　　）测量。而用水银温度计测量水温的微小变化，属于（　　）测量。

A．偏差式　　B．零位式　　C．微差式

6．因精神不集中而写错数据，属于（　　）。

A．系统误差　　B．随机误差　　C．粗大误差

三、简答题

1．什么是测量?

2．温度测量属于哪种测量方法?

第二章　光电类传感器

第一节　光电传感器

一、填空题

1. 光电效应通常分为__________、__________和__________三类。

2. 光敏电阻的阻值随照射光线的增强而__________。亮电阻与暗电阻差值越大，灵敏度越__________。

3. 光敏二极管在实际使用中应处于__________偏置状态。

4. 光电传感器主要由__________、__________、__________和__________组成。

5. 根据被测物、光源、光电器件三者之间的关系，模拟量光电传感器可分为__________、__________、__________和__________四种。

6. 光电传感器的理论基础是光电效应。通常把光线照射到物体表面后产生的光电效应分为三类：第一类是利用在光线作用下光电子逸出物体表面的__________，这类元件有__________；第二类是利用在光线作用下使材料内部电阻率改变的__________，这类元件有__________；第三类是利用在光线作用下使物体内部产生一定方向电动势的__________效应，这类元件有__________。

二、选择题

1. 基于外光电效应工作的器件有（　　）。

   A. 光电管　　B. 光电池　　C. 光敏电阻　　D. 光电倍增管

2. 光敏电阻的暗电阻越（　　），亮电阻越（　　），则性能越好。

   A. 大　　B. 小

3. 光敏二极管利用（　　）工作，光电池利用（　　）工作。

   A. 外光电效应　　B. 内光电效应　　C. 光生伏特效应

4. 光敏二极管在测光电路中应处于（　　）偏置状态，而光电池通常处于（　　）偏置状态。

   A. 正向　　B. 反向　　C. 零

5. 当温度上升时，光敏电阻、光敏二极管、光敏三极管的暗电流（　　）。

   A. 增大　　B. 减小　　C. 不变

6. 欲利用光电池为手机充电，需将数片光电池（　　），以提高输出电压，再将几组光电池（　　），以提高输出电流。

   A. 并联　　B. 串联　　C. 短路　　D. 开路

7. 晒太阳取暖利用的是（　　），人造卫星的光电池是利用（　　）工作的，植物生长利用的是（　　）。

A．光电效应　　B．光化学效应　　C．光热效应　　D．感光效应

8．光电传感器的基本原理是物质的（　　）。

A．压电效应　　B．光电效应　　C．磁电效应　　D．热电效应

三、简答题

1．光电传感器有哪几种类型？

2．简述光电池的工作原理。

3．光电效应有哪几种？与之对应的光电器件有哪些？

4. 什么是光生伏特效应？

5. 试比较光敏电阻、光电池、光敏二极管和光敏三极管的性能差异，并简述在不同的场合下应选用哪种器件最为合适。

第二节　红外线传感器

一、填空题

1. 热电型红外线传感器是利用红外辐射的__________效应工作的，量子型红外线传感器是利用红外辐射发热__________效应工作的。

2. 热释电型红外线传感器是基于____________原理进行工作的。

3. 遥控器通常利用__________传感器进行工作。

4. 由于热释电型红外线传感器的输入阻抗极高，非常容易____________，因此最好能够对它进行电学屏蔽。

二、选择题

1. 红外辐射是由物体内部分子运动产生的，这类运动和物体的（　　）有关。

A. 密度　　B. 温度　　C. 质量　　D. 体积

2. 热释电型红外线传感器工作时，当辐射到热释电元件上的红外线忽强忽弱，使两个热释电元件的温度变化不一致时，就会有（　　）输出。

A. 直流电压　　B. 交变电压　　C. 直流电流　　D. 交变电流

3. 下列选项中，不属于量子型红外线传感器的是（　　）。

A. 光电导式传感器　　B. 光生伏特效应式传感器

C. 光磁电式传感器　　D. 热释电式传感器

4. 红外线遥控的接收装置不包括（　　）。

A. 光滤波器　　B. 编码调制放大电路　　C. 光敏二极管　　D. 微处理器

三、简答题

1. 什么是热释电效应？

2. 热释电型红外线传感器的结构具有哪些特点？

第三节　光纤传感器

一、填空题

1. 在光纤中传播的光波称为______________。根据光纤的传输模式，可以把光纤分为__________光纤和__________光纤。

2. 光纤传感器由__________、__________和__________三部分组成。光纤传感器一般分为两大类，一类是__________光纤传感器，也称为__________光纤传感器；另一类是__________光纤传感器，也称为__________光纤传感器，前者多使用__________光纤，而后者只能用__________光纤。

3. 光纤传感器从功能上分，可分为____________和____________两大类。

二、选择题

1. 光纤传感器具有（　　）的特点，因此被广泛用于研究中。

A. 电绝缘性　　B. 抗电磁干扰
C. 非入侵性　　D. 高灵敏度
E. 信号适宜远距离传输

2. 如果在一个光纤传感器中，光纤既要用来传光，还要被作为敏感元件感受被测量的变化，则应选用（　　）光纤传感器。

A. 功能型　　B. 非功能型

3. 光纤通信中，与出射光纤耦合的光电元件是（　　）。

A. 光敏电阻　　B. 光敏三极管　　C. 光敏二极管　　D. 光电池

4. 光纤传感器所用的光纤主要有（　　）和（　　）两种。

A. 单模光纤　　B. 多模光纤　　C. 单晶光纤　　D. 多晶光纤

三、简答题

1. 光导纤维导光的原理是什么？按其传输模数分为哪两种类型？

2. 按光纤在传感器中的作用，光纤传感器可分为哪两种类型？这两种类型的主要区别是什么？

第三章　磁电传感器

第一节　磁敏传感器

一、填空题

1. 磁敏电阻通常做成________状。

2. 磁敏二极管的结构形式与二极管相似，但两个管脚有________之分。

3. 磁敏二极管较长的管脚连接其内部的________端，接电源的________极；较短的管脚连接其内部的________端，接电源的________极。

4. 按采用的半导体材料不同，磁敏三极管可分为__________和__________。

二、选择题

1. 磁敏电阻可选用（　　）材料制成。

A. 锑化铟　　B. 硒化钾　　C. 钙化钠

2. 半导体材料的磁阻效应包括物理磁阻效应和（　　）效应。

A. 电磁阻　　B. 化学磁阻　　C. 几何磁阻

三、简答题

1. 什么是磁敏电阻？举例说明磁敏电阻有哪些应用。

2. 简述磁敏二极管的工作特性。

3．简述磁敏三极管的工作特性。

4．何谓磁阻效应？磁敏电阻有什么作用？

5．磁敏二极管和磁敏三极管分别适用于哪些场合？

第二节　霍尔传感器

一、填空题

1. 霍尔传感器具有__________、__________、__________、__________等优点，可以实现__________测量。

2. 霍尔电动势的大小与霍尔元件材料的性质和尺寸有关，因此霍尔元件不宜选用__________材料做成。

3. 霍尔元件灵敏度的物理意义是______________________________。

4. 霍尔传感器可用来测量__________、__________、__________、__________。

5. 制作霍尔元件应采用的材料是__________，因为这类材料能使载流子的迁移率与电阻率的乘积最大，从而使两个端面出现的电动势差最大。

6. 霍尔传感器按用途分为线性型霍尔传感器（用于________）和________型霍尔传感器（用于控制）两大类。

二、选择题

1. 霍尔效应的灵敏度高低与外加磁场的磁感应强度成（　　）关系。

A. 正比　　　　B. 反比　　　　C. 相等

2. 减小霍尔元件的输出不等位电动势的方法是（　　）。

A. 减小激励电流　　　　B. 减小磁感应强度　　　　C. 使用电桥调零电位器

3. 线性型霍尔传感器一般由（　　）组成。

A. 霍尔元件和放大器　　　　B. 霍尔元件和稳压电路　　　　C. 霍尔元件和整形电路

三、简答题

1. 什么是霍尔效应？

2. 霍尔元件用什么材料制成？为什么要用这种材料制成？

3. 霍尔元件有哪些主要技术参数？应根据什么原则选用霍尔元件？

4. 举例说明霍尔传感器的应用，并说明线性型霍尔集成电路和开关型霍尔集成电路各自在应用上有什么特点。

5. 简述霍尔电动势产生的原理。

6. 一个霍尔元件在一定的电流控制下，其霍尔电动势与哪些因素有关？

第三节　电涡流传感器

一、填空题

1．金属导体置于__________中，或者__________时，其内就会因为产生感应电动势而形成感应电流，感应电流在金属导体内自行闭合，电流的闭合流线类似水涡形状，故称为__________。

2．电涡流传感器可分为_________和_________两类，其中_______应用最为广泛。

3．电涡流传感器是基于__________效应进行工作的。

4．使用电涡流传感器进行测量时，被测物体的电导率越______，传感器的灵敏度越高。

5．电涡流传感器最大的特点是可以对物体表面为_____________的多种物理量实现非接触测量。

二、选择题

1．电涡流接近开关可以利用电涡流原理检测出（　　）的靠近程度。

A．人体　　B．水　　C．黑色金属零件　　D．塑料零件

2．电涡流探头的外壳用（　　）制作较为恰当。

A．不锈钢　　B．塑料　　C．黄铜　　D．玻璃

3．当电涡流线圈靠近非磁性导体（铜）板材时，线圈的等效电感 L（　　）。

A．不变　　B．增大　　C．减小

4．测量金属内部裂纹可以采用（　　）传感器。

A．涡流式　　B．压电式　　C．光电式　　D．压阻式

三、简答题

1．什么是电涡流效应？

2．简述电涡流传感器的结构。

3．电涡流传感器可以测量哪些参数？为什么？

4．举例说明电涡流传感器的应用。

第四章　位置传感器

第一节　模拟式位移传感器

一、填空题

1. 电位器按结构形式不同，可分为_________和_________两大类。

2. 电位器式位移传感器有_________和_________两种类型。

3. 电位器式位移传感器的分辨力取决于____________________。

4. 电容式位移传感器是利用_________之间的距离与_________成反比的原理来测量距离的，用电容式位移传感器测量位移响应快、电路简单、精确度高。

5. 电容式位移传感器按结构特点可分为变极距型、___________型和变面积型三种。

6. 电容式位移传感器将非电量的变化转换为_______的变化来实现对物理量的测量。

7. 变极距型电容式传感器单位输入位移所引起的灵敏度与两极板初始间距成_______关系。

8. 电容式位移传感器的主要缺点有_____________和__________等。

9. 差动变压器主要包括__________、__________和__________等。

10. 在非电量的测量中，目前应用最多的是___________式差动变压器。

二、选择题

1. 电位器式位移传感器的（　　）可以代表电位器的精度。

   A. 分辨力噪声　　　　B. 额定功率

   C. 高频特性　　　　D. 符合度

2. 引起电容式位移传感器本身固有误差的原因是（　　）。

   A. 温度对结构尺寸的影响　　　　B. 电容电场边缘效应的影响

   C. 分布电容的影响　　　　D. 后继电路放大倍数的影响

3. 当变间隙型电容式位移传感器两极板间的初始距离 d 增加时，传感器的（　　）。

   A. 灵敏度增大　　　　B. 灵敏度减小

   C. 非线性误差增大　　　　D. 非线性误差不变

4. 测量固体或液体物位时，应选用（　　）电容式位移传感器。

   A. 变间隙型　　　　B. 变面积型

   C. 变介电常数型　　　　D. 空气介质变间隙型

5. 使用差动变压器式传感器时，两个二次绕组（　　），以差动的方式输出。

   A. 正向串接　　　　B. 反向串接

   C. 并接　　　　D. 相互独立

三、简答题

1. 简要说明电容式位移传感器的工作原理。

2. 电容式位移传感器有哪些类型？主要用途分别是什么？

第二节　数字式位移传感器

一、填空题

1. 位置传感器主要分为________和________。电位计、电容式位移传感器、差动变压器式位移传感器等属于________。光栅式位移传感器、磁栅式位移传感器、编码器等属于________。

2. 数字式传感器是一种能把被测________直接转换成________的输出装置，它具有检测精度高、使用寿命长、抗干扰能力强等优点。

3. 光栅式位移传感器是利用计量光栅的________现象进行精密测量的。

4. 光栅式位移传感器具有测量精度高、抗干扰能力强、易于实现________测量和________测量等特点，在坐标测量仪和数控机床伺服系统中有着广泛的应用。

5. 光栅种类很多，按其工作原理可分为________和________。

6. 物理光栅主要用于光谱分析和光波波长测定，而在检测中常用的是________。

7. 按光栅结构分，计量光栅可分为________光栅和________光栅；按光栅载体形状分，计量光栅可分为________光栅和________光栅。

8. 莫尔条纹的三大特点是具有________、________、________。

9. 磁栅式位移传感器在机床上用于________测量，可极大地提高测量精度。

10．感应同步器是一种较精密的利用____________原理进行工作的位移传感器。

11．编码器是一种将信号或数据进行____________为可用以通信、传输和存储的信号形式的设备。

12．编码器分为____________和____________两类。

二、选择题

1．光栅数字传感器测量精度高、分辨率高、测量范围大、动态特性好，适用于非接触式动态测量，易于实现（　　），广泛用于数控机床和精密测量设备中。

A．数字控制　　B．模拟控制　　C．自动控制　　D．积分控制

2．使用光栅式位移传感器测量装置时，注意插拔读数头与数显表的连接插头时应（　　）。

A．关闭电源　　B．速度尽量慢　　C．速度尽量快　　D．接通电源

3．磁栅式位移传感器由磁性标尺、拾磁磁头和（　　）组成。

A．放大电路　　B．检测电路　　C．工作电路　　D．开关电源

4．当需要时，（　　）位移传感器可将原有的信号抹去，重新录制。

A．光栅式　　B．光栅式和磁栅式

C．磁栅式　　D．模拟式

5．感应同步器按其用途不同，可分为（　　）两种。前者用于测量直线位移，后者用于测量角位移。

A．直线感应同步器和曲线感应同步器　　B．直线感应同步器和圆感应同步器

C．直线感应同步器和折线感应同步器　　D．直线感应同步器和角感应同步器

6．根据滑尺励磁绕组供电方式的不同，感应同步器有（　　）两种工作方式。

A．鉴幅式和鉴频式　　B．鉴幅式和鉴相式

C．鉴频式和鉴相式　　D．数字式和模拟式

7．接触式编码器的主要组成部分是码盘和电刷，它们的安装将直接影响编码器的（　　）。

A．刻度　　B．质量　　C．温度　　D．精度

8．采用循环码盘的编码器与采用 8421 码盘的编码器相比，精度（　　）。

A．更低　　B．相同　　C．更高　　D．高低不一定

三、简答题

1．光栅的莫尔条纹具有哪些特性？试说明莫尔条纹的形成原理。

2. 简述磁栅式位移传感器的结构。

3. 简述编码器的类型及用途。

4. 简述感应同步器的测量原理。

5. 编码器由哪几部分组成？有几种编码方法？

第三节　接近传感器

一、填空题

1．接近传感器是一种具有________________的器件。

2．接近传感器常作为________式自动开关来使用。

3．由接近传感器构成的控制装置具有_________、__________和__________的特点。

4．接近传感器可分为_______式、_______式、_______式、_______式等类型。

二、简答题

1．在机床的电气控制线路中，常会用到行程开关，试比较行程开关和接近开关在功能特点上的相同点和不同点。

2．简述在机械手中接近传感器是如何实现左右运动限位功能的。

第五章　力传感器

第一节　弹性敏感元件

一、填空题

1. 力传感器是将各种__________转换成__________的器件。

2. 力传感器有许多种，从力到电的变换原理来看，有_______、_______、_______、_______、_______、_______等，其中大多数需要弹性敏感元件或其他敏感元件的转换。

3. 作用在弹性敏感元件上的力或压力，引起弹性敏感元件的变形并转换成__________，然后再由传感器将应变或位移转换成电信号。

4. 实际的弹性元件在加/卸载正、反行程中的变形曲线是不重合的，这种现象称为__________现象，它会给测量带来误差。

5. 弹性敏感元件在形式上可分为两大类，即将力转换为__________的弹性敏感元件和将压力转换为应变或位移的__________。

6. 弹性敏感元件常见的有__________、__________、__________、__________和__________等。

7. 波纹管的轴向在流体压力作用下极易__________，且有较高的灵敏度。

二、选择题

1. 空心圆柱形弹性敏感元件可以测量（　　）的压力。

A. 1 N　　B. 1 ~ 10 kN　　C. 10 N

2. 变换流体压力的弹性敏感元件有弹簧管、波纹管、（　　）膜盒和薄壁圆筒等。

A. 波纹膜片　　B. 电阻膜片　　C. 压力膜片

三、简答题

1. 弹性敏感元件具有哪些特性？

2．简述弹性敏感元件弹簧管的工作原理。

第二节　电阻应变片式力传感器

一、填空题

1．电阻应变片式力传感器由__________和__________两大部分组成。

2．导体或半导体材料在外力作用下产生机械变形时，其电阻值也将发生变化，这种现象称为__________。

3．箔式应变片的一致性较好，适合于__________，目前广泛用于各种应变片式力传感器的制造。

4．电阻应变片式力传感器应用十分广泛，它除了可测量应变外，还可测量__________、__________、__________、__________、__________等物理量。

5．电阻应变片式力传感器的制造材料可分为____________材料和___________材料两种。

6．电阻应变片式力传感器利用了金属和半导体材料的__________效应。

7．为了获得良好的___________，粘贴应变片时，必须对试件表面进行处理。

8．电阻应变片式力传感器的测量电路通常采用______________电路。

二、选择题

1．将应变片贴在（　　）上，可以分别做成测量位移、力、加速度的传感器。

A．试件　　B．质量块　　C．应变电阻弹性元件　　D．机器组件

2．通常可用应变片式力传感器测量（　　）。

A．温度　　B．密度　　C．加速度　　D．电阻

3．电桥测量转换电路的作用是将传感器的参量变化为（　　）的输出。

A．电阻　　B．电容　　C．电压　　D．电荷

4．电子秤中所使用的应变片应选择（　　）应变片；为了提高集成度，测量气体压力时应选择（　　）；一次性、几百个应力试验测点应选择（　　）应变片。

A．金属丝式　　B．金属箔式

C．电阻应变仪　　D．固态压阻式传感器

5．（　　）主要是由于敏感栅基底和黏合剂在承受机械应变后留下的残余变形所致。

A．电阻降低　　B．机械滞后

C．灵敏度下降　　D．绝缘电阻降低

6. 在应变测量中，希望灵敏度高、线性好、有温度自补偿功能，应选择（　　）测量转换电路。

A. 单臂半桥　　　　B. 双臂半桥

C. 全桥　　　　D. 四臂全桥

三、简答题

1. 力传感器可以进行哪些物理量的测量？其种类有哪些？

2. 简述电阻应变片的工作原理。

3. 电阻应变片式力传感器的使用方法有哪些？分别是如何工作的？

第三节　压电式力传感器

一、填空题

1．某些晶体受力后在其表面产生电荷，当外力去掉时，__________________的现象称为压电效应。

2．具有压电效应的电介质称为___________。

3．压电式力传感器中的压电元件材料一般有______________、______________、______________三类。

4．压电材料是有极性的，常用的接法有________法和________法。

5．压电式力传感器可等效为一个电荷源与一个_______并联，也可等效为一个与电容相串联的电压源。

二、选择题

1．压电式力传感器是一种典型的（　　）传感器。

A．红外线　　B．自发电式　　C．磁场　　D．电场

2．压电式力传感器具有体积小、质量轻、（　　）、信噪比大等特点。

A．性能强　　B．频响高　　C．效率高　　D．价格低

3．在电介质的极化方向上施加交流电场或电压，它会产生机械变形，当去掉外加电场时，电介质变形随之消失，这种现象称为（　　）。

A．逆压电效应　　B．电场效应　　C．物理效应　　D．生化效应

4．石英晶体是一种性能良好的（　　），它的突出优点是性能非常稳定。

A．压电晶体　　B．振荡晶体　　C．宝石　　D．导体

5．高分子压电材料是一种柔软的压电材料，可根据需要制成薄膜或电缆套等形状，经极化处理后就显现出压电特性。它不易破碎，具有（　　），可以大量连续拉制，制成较大面积或较长尺度，因此价格便宜。

A．硬度　　B．强度　　C．可塑性　　D．防水性

6．用于厚度测量的压电陶瓷器件利用了（　　）原理。

A．磁阻效应　　B．压阻效应

C．正压电效应　　D．逆压电效应

7．压电元件在以电压作为输出量以及测量电路输入阻抗很高的场合适宜采用（　　）。

A．串联法连接　　B．并联法连接

C．串联法连接和并联法连接均可　　D．单一的压电元件

8．前置放大器有两种形式，一种是电压放大器，其输出电压与输入电压（压电元件的输出电压）成正比；另一种是（　　），其输出电压与输入电荷成正比。

A．电压放大器　　B．电荷放大器

C．电流放大器　　D．电子放大器

9．压电式力传感器主要用于脉动力、冲击力、（　　）等动态参数的测量。

A．移动　　B．振动　　C．温度　　D．压力

10. 压电式金属加工切削力测量常采用（　　）元件。

A. 水溶性压电晶体　　B. 石英晶体

C. 压电陶瓷　　D. 铌酸锂晶体

三、简答题

1. 压电式力传感器具有哪些特点？通常应用在哪些领域？

2. 什么是正压电效应？什么是逆压电效应？

3. 列举一个压电式力传感器的应用实例，并简述其工作原理。

第四节　自感式力传感器

一、填空题

1. 电感式传感器的基本工作原理是电磁感应原理，利用线圈自感和互感系数的变化来实现非电量电测（如压力、位移等），常用的有________式和________式两类。

2. 在实际工作中常采用差动式电感传感器，既可以提高传感器_________，又可以减少_________。

3. 差动式电感传感器的结构要求两个导磁体的_________完全相同，_________完全相同，两个线圈的_________和几何尺寸也完全相同。

4. 变面积式自感传感器，当衔铁移动使磁路中空气缝隙的面积增大时，铁心上线圈的电感量_________。

5. 差动式电感传感器按结构形式分，可分为___________________、螺线管式等。

6. 差动变压器结构形式不同，但工作原理基本一样，都是基于线圈________的变化来进行测量的，实际应用最多的是螺线管式差动变压器。

二、选择题

1. 电感式传感器的测量转换电路一般采用（　　）电路。转换电路的作用是将电感量的变化转换成电压信号或电流信号，以便送入放大器进行放大，然后用仪表指示出来或记录下来。

A. 放大　　B. 耦合　　C. 电桥　　D. 差动

2. 差动变压器结构形式较多，有变隙式、（　　）和螺线管式等，但其工作原理基本一样。

A. 变体积式　　B. 变面积式　　C. 变长度式　　D. 变宽度式

3. 差动变压器输出的是交流电压，若用交流电压表测量，只能反映衔铁位移的大小，而不能反映（　　）。

A. 移动方向　　B. 前进方向　　C. 振动方向　　D. 移动距离

4. 欲测量极微小的位移，应选择（　　）自感传感器。希望线性好、灵敏度高、量程为 1 mm 左右、分辨力为 1 mm 左右，应选择（　　）自感传感器为宜。

A. 变隙式　　B. 变面积式　　C. 螺线管式

5. 希望线性范围为 ±1 mm，应选择线圈骨架长度为（　　）左右的螺线管式自感传感器或差动变压器。

A. 2 mm　　B. 20 mm　　C. 400 mm　　D. 1 mm

6. 螺线管式自感传感器采用差动结构是为了（　　）。

A. 加长线圈的长度，从而增加线性范围

B. 提高灵敏度，减小温漂

C. 降低成本

D. 增加线圈对衔铁的吸引力

7. 差动变压器的零点残余电压太大时，会使其灵敏度（　　）。

A. 较大增加　　B. 不变　　C. 下降　　D. 略有增加

三、简答题

1. 自感式传感器的基本工作原理是什么？有哪些主要类型？

2. 电感式传感器的测量转换电路通常采用什么形式？作用是什么？

第五节　其他类型力传感器

一、填空题

1. 对力的测量可以通过对________的测量来实现。

2. 电位器式压力传感器主要用于测量__________的压力。

3. 电位器式加速度传感器输出与加速度成_____比的________信号，通过对_________的测量来测量加速度。

4. 差动电容式压力传感器中，___________的变化经测量电路转换成与压力或压力相对应的电流或电压的变化。

二、简答题

1．常见的力传感器有哪些类型？

2．YDC 型压力传感器采用了哪种弹性敏感元件？

第六章　温度传感器

第一节　温度测量与温度传感器

一、填空题

1．热量的传递方向是____。

2．在国际单位制中，采用______________温标。

3．温度传感器分为_____________和_____________两大类。

4．温度传感器是检测_______的器件，能够将温度的变化转换成_____________的变化而进行测量的一种装置。

二、选择题

1．目前国际上温标的种类有（　　）。

A．摄氏温标

B．摄氏温标、华氏温标

C．摄氏温标、华氏温标、热力学温标

D．摄氏温标、华氏温标、热力学温标、国际实用温标

2．摄氏温度与热力学温度的关系是（　　）。

A．$T = t + 273.15$　　B．$t = T + 273.15$

C．$T = t - 273.15$　　D．$T = 273.15 - t$

3．目前我国日常生活中普遍使用的温标是（　　）。

A．摄氏温标　　B．华氏温标

C．热力学温标　　D．国际实用温标

三、简答题

常用的温标有哪几种？它们之间应如何换算？

第二节　热电偶式温度传感器

一、填空题

1．热电偶是由两根不同的＿＿＿＿＿＿材料焊接或绞接而成的。

2．热电偶的两端，一端称为＿＿＿＿＿＿，另一端称为＿＿＿＿＿＿。

3．热电偶回路热电动势的大小只与＿＿＿＿＿＿＿＿＿＿有关，与＿＿＿＿＿＿＿＿无关。

4．只有＿＿＿＿＿的导体或＿＿＿＿＿才能组合成热电偶，＿＿＿＿＿材料不会产生热电动势。

5．只有当热电偶两端温度＿＿＿＿＿，热电偶的两导体材料＿＿＿＿＿时，才有热电动势产生。

6．在工业生产中，普通型热电偶作为测量温度的传感器，通常和＿＿＿＿＿＿、＿＿＿＿＿＿和＿＿＿＿＿＿＿配套使用。

7．热电偶的灵敏度比较＿＿＿＿＿，不适合测量＿＿＿＿＿＿的温度变化。

8．热电偶冷端补偿的目的是＿＿＿＿＿＿＿＿＿＿＿＿＿＿。

9．补偿导线法常用做热电偶的冷端温度补偿，它的理论依据是＿＿＿＿＿＿定律。

10．在特殊情况下，热电偶可以串联或并联使用，但只能使用＿＿＿＿＿＿的热电偶，且＿＿＿＿＿＿＿＿＿＿。

二、选择题

1．（　　）的数值越大，热电偶的输出热电动势就越大。

A．热端直径　　　　B．热端和冷端温度

C．热端和冷端温差　　　　D．热电极的电导率

2．测量 CPU 散热片的温度应选用（　　）型热电偶；测量锅炉烟道中的烟气温度，应选用（　　）型热电偶；测量 100 m 深的岩石钻孔中的温度，应选用（　　）型热电偶。

A．普通　　B．铠装　　C．薄膜　　D．电热堆

3．热电偶的优点不包括（　　）。

A．结构简单　　　　B．测量范围广

C．热惯性小　　　　D．适合测量微小温度变化

4．热电偶测温回路中，经常使用补偿导线的最主要目的是（　　）。

A．补偿热电偶冷端热电动势的损失

B．起冷端温度补偿作用

C．将热电偶冷端延长到远离高温区的地方

D．提高灵敏度

5．在实验室测量金属的熔点时，冷端温度补偿采用（　　），可减小测量误差；而在车间用带计算机的数字式测量仪表测量炉膛的温度时，应采用（　　）较为妥当。

A．计算修正法　　　　B．仪表机械零点调整法

C. 冰浴法　　　　　　　　　　　D. 电桥补偿法

6. 测量温度不可用（　　）式传感器。

A. 热电阻　　B. 热电偶　　C. 电阻应变片　　D. 热敏电阻

7. 为了减小热电偶测温时的测量误差，需要进行的温度补偿方法不包括（　　）。

A. 补偿导线法　　B. 电桥补偿法　　C. 冷端恒温法　　D. 差动放大法

8. 利用热电偶测量温度时，（　　）。

A. 需加正向电压　　　　　　B. 需加反向电压

C. 加正向、反向电压都可以　　D. 不需加电压

9. 在实际的热电偶测温应用中，使用测量仪表而不影响测量结果是利用了热电偶的（　　）定律。

A. 中间导体　　B. 中间温度　　C. 标准电极　　D. 均质导体

三、简答题

1. 什么是金属导体的热电效应？

2. 按结构分，热电偶有哪几种类型？分别适用于哪些场合？

3. 进行冷端补偿的目的是什么？常用的冷端补偿方法有哪些？

4. 热电偶的热电特性与哪些因素有关?

5. 简述热电偶的几个基本性质，并分别说明其实用价值。

第三节　热电阻式温度传感器

一、填空题

1. 工业上广泛应用热电阻温度计来测量__________________℃范围的温度。
2. 热电阻大多由____________材料制成，其中____________的测量精确度最高。
3. 目前我国常用的铂电阻型号有___________和___________。
4. 为了使热电阻能得到较长的使用寿命，一般铜电阻外加有__________________。
5. 普通型热电阻式温度传感器由__________、__________、__________、__________、__________等组成。
6. 在测量液体温度时或测量环境比较恶劣时不能直接使用电阻式温度敏感元件，需要______________________后方可使用。
7. 热电阻器的测量电路常采用____________电路。
8. 为了克服环境温度的影响，热电阻的测量电路常采用_________________电路。

二、选择题

1．用热电阻测温时，热电阻在电桥中采用三线制接法的目的是（　　）。

A．接线方便

B．减小引线电阻变化产生的测量误差

C．减小桥路中其他电阻对热电阻的影响

D．减小桥路中电源对热电阻的影响

2．测量轴瓦和其他机件的端面温度可采用（　　）。

A．普通型热电阻式温度传感器

B．铠装热电阻式温度传感器

C．隔爆型热电阻式温度传感器

D．端面热电阻式温度传感器

三、简答题

1．热电阻常用的材料有哪些？各有什么特点？

2．热电阻式温度传感器有哪几种？它们各有什么特点及用途？

第四节　半导体温度传感器

一、填空题

1．半导体导电材料的导电能力随温度的升高而____________，电阻率随温度的升高而____________，用____________做成的传感器为热敏电阻。

2．热敏电阻主要有________________、________________和________________等。

3．利用 PTC 热敏电阻具有______________的特性可实现电动机的过热保护。

4．PN 结温度传感器以______________和______________作为感温元件。

5．集成温度传感器具有体积小、____________、____________等优点，应用十分广泛。

6．模拟型集成温度传感器与数字型集成温度传感器相比，_________________________的抗电磁干扰能力更好。

二、选择题

1．正温度系数热敏电阻具有（　　）。

A．温度升高电阻变大的特点

B．温度升高电阻变小的特点

C．温度升高电阻先变大后变小的特点

D．温度升高电阻先变小后变大的特点

2．对电子仪器或家用电器进行过热保护，最好使用（　　）。

A．半导体热敏电阻　　B．PN 结温度传感器　　C．热电偶

3．集成温度传感器分为模拟型集成温度传感器和（　　）集成温度传感器。

A．电流型　　B．电压型　　C．数字型

4．为了提高传感器的测量精度，便于信号处理，在测量范围相同的情况下，应尽量选择（　　）的测温敏感元件。

A．灵敏度较高　　B．测温范围较大　　C．测温范围较小

三、简答题

1．什么是集成温度传感器？主要有哪几种类型？

2. 集成温度传感器有什么特点?

3. 温度传感器的选择需要考虑哪几个方面的问题?

第七章　气敏传感器和湿敏传感器

第一节　气敏传感器

一、填空题

1. 气敏传感器按照工作原理不同，可分为__________、_________、_________和__________四类。

2. 半导体气敏传感器按照半导体变化的物理特性不同，可分为________型和________型。

3. 半导体气敏传感器是利用气体吸附使半导体的_________发生变化的特性来工作的。

4. 接触燃烧式气敏传感器适用于检测______________气体。

5. 烧结型 SnO_2 气敏元件按其加热方式不同，分为________和__________两种。

6. 直热式 SnO_2 气敏元件的优点是____________、____________，但因其热容量______，易受_____________的影响，稳定性较____。

7. 目前市场上出售的 SnO_2 气敏元件大多为____________结构形式。

8. 与烧结型 SnO_2 气敏元件相比，薄膜型 SnO_2 气敏元件工作温度较_________，并且_________现象不十分明显。

9. 烧结型 ZnO 气敏元件可使用_________和_________两种金属元素作为催化剂。

10. 半导体气敏传感器在待测气体中的电阻值与环境的__________和____________有关。一般情况下，当环境温度较低时，传感器的电阻值_____________，温度较高时，电阻值_______________；而湿度低时，传感器的电阻值______________，湿度高时，电阻值_____________。由于这一原因，即使在相同浓度的待测气体中，传感器的电阻值也有所不同，因此在电路中应进行_____________补偿。

11. 使用气敏电阻时，应尽量避免将其置于_____________环境中，以免老化。

12. 多数气敏元件都附带加热器，它的作用是将附着在敏感元件表面上的________、________烧掉，加速___________，提高器件的__________和__________。

二、选择题

1. 用来测量一氧化碳、二氧化硫等气体的固体电介质属于（　　）。
   A. 湿度传感器　　B. 温度传感器　　C. 力传感器　　D. 气敏传感器

2. （　　）几乎不受周围环境湿度的影响。
   A. 电阻型半导体气敏传感器　　B. 接触燃烧式气敏传感器
   C. 非电阻型半导体气敏传感器　　D. 电容式气敏传感器

3. （　　）在生产实际中已较少使用。
   A. 直热式 SnO_2 气敏元件　　B. 旁热式 SnO_2 气敏元件

C．薄膜型 SnO_2气敏元件　　　　D．厚膜型 SnO_2气敏元件

4．（　　）对液化石油气的主要成分灵敏度较高，被称为“城市煤气传感器”。

A．旁热式 SnO_2气敏元件　　　　B．ZnO 气敏元件

C．薄膜型 SnO_2气敏元件　　　　D．γ—Fe_2O_3气敏元件

5．气温升高后，气敏电阻的灵敏度将（　　），所以必须设置温度补偿电路，使电路的输出不随气温的变化而变化。

A．升高　　　B．降低　　　C．不变

三、简答题

1．气敏传感器有哪些用途？常见的类型有哪些？

2．为什么大多数气敏传感器都附带加热器？

3．气敏传感器在使用过程中应注意哪些问题？

第二节　湿敏传感器

一、填空题

1．湿度是指物质中所含__________的量。

2．水分子具有______________________________的特性，利用水分子这一特性制成的湿度传感器称为水分子亲和力型传感器。

3．湿敏电阻式传感器主要由_____________、_____________和具有一定机械强度的____________构成，____________在吸收环境中的水分后引起____________变化，从而将湿度的变化转换成____________的变化。

4．目前使用较多的湿敏电阻主要有____________湿敏电阻、____________湿敏电阻和____________湿敏电阻等。

5．________________湿敏电阻有较强的抗结露能力，但其响应速度慢，有较明显的湿滞效应，适用于工作精度要求不高的场合。

6．由于湿度检测范围宽、线性好，因此很多湿度计都采用_________________作为传感器器件。

7．结露传感器对____________不敏感，只对_____________敏感，所以结露传感器一般不用于测湿，而作为提供_____________信号的结露传感器。

8．湿敏传感器应使用_____________电源供电。

9．低湿度时，湿敏传感器的电阻达_____________Ω，因此在进行信号处理时，必须选用_____________型运算放大器。

10．金属氧化物半导体陶瓷湿敏电阻在实际应用中，通常使用____________温度系数的热敏电阻作为温度补偿元件。

11．对于___________湿敏电阻，必须定期给加热丝通电。

二、选择题

1．湿敏电阻用交流电作为激励电源是为了（　　）。

A．提高灵敏度　　B．防止产生极化、电解作用

C．减小交流电桥平衡难度

2．使用测谎器时，被测试人由于说谎、紧张而手心出汗，可用（　　）式传感器来检测。

A．电阻应变片　　B．热敏电阻　　C．气敏电阻　　D．湿敏电阻

3．一切电阻式湿度传感器必须使用（　　）电源，否则性能会劣化甚至失效。

A．直流　　B．交流　　C．高压　　D．三相

4．结露传感器组成的测试电路输出信号是（　　）。

A．模拟电压信号　　B．模拟电流信号　　C．电阻信号　　D．开关量信号

5．烧结型湿敏电阻在工作时应加热到（　　）℃，以使污物挥发或烧掉，使陶瓷恢复到初始状态。

A．250　　B．300　　C．400　　D．100

6．电容型湿敏传感器能够将湿度变化信号转换成（　　）的变化，再转换成与相对湿度成正比的电容量的变化。

A．极板间距离　　B．极板面积　　C．介电常数

7．对于涂覆膜型湿敏电阻，水分子在粉粒接触处附着后，可使其接触电阻显著（　　）。

A．增大　　B．减小　　C．不变

8．使用湿敏电阻时，一般随周围环境湿度的增加，电阻（　　）。

A．减小　　B．增大　　C．不变

三、简答题

1．湿度的常用表示方法有哪几种？分别是如何定义的？

2．常见的湿敏传感器有哪些类型？

3．现有一种新型能报警的尿布，当尿布被尿湿时能够发出提示声音，你认为可以采用哪些方法来完成此项功能。

第八章　其他新型传感器

第一节　生物传感器

一、填空题

1. 生物传感器是利用__________来选择性识别和测定生物化学物质的传感器，是分子生物学与__________、电化学、光学结合的产物，是在基础传感器上耦合一个生物敏感膜而形成的新型器件。

2. 生物传感器是将____固定在一器件上作为敏感元件的传感器。

3. 生物敏感膜由__________和__________组成。

4. 生物传感器连同测定仪的成本远______于大型分析仪器，因而便于推广普及。

二、选择题

1. 根据所用的敏感物质可将生物传感器分为酶传感器、（　　）、细胞传感器、免疫传感器等。

A. 电化学传感器　　B. 组织传感器

C. 半导体生物传感器

2. 生物传感器的好坏（　　）。

A. 主要取决于生物敏感膜和信号转换器

B. 只取决于信号转换器

C. 与外界物质有关

三、简答题

1. 生物传感器有哪些特点？

2. 生物传感器的发展方向是什么？

第二节 超声波传感器

一、填空题

1. 超声波传感器中最主要的部分是____________和____________。

2. 按照工作原理不同，超声波传感器可分为____________、____________、____________等。

3. 压电式超声波发生器是利用压电晶体的____________现象制成的。

4. 汽车的倒车雷达就是一种由____________传感器组成的测距系统。

5. 由于超声波在空气中的衰减比较厉害，因此当液位变化较大时，必须________________________。

二、选择题

1. 超声波传感器是利用超声波在（　　）介质中的传播特性来工作的。

A. 固体　　B. 液体

C. 气体　　D. 以上三项均包括

2. 在实际使用中，（　　）超声波传感器最为常见。

A. 压电式　　B. 磁致伸缩式　　C. 电磁式　　D. 电阻式

3. 超声波在液体中的衰减比在空气中的衰减（　　）。

A. 大　　B. 小　　C. 一样　　D. 无法确定

三、简答题

1. 什么是超声波？

2．简述超声波测距的基本工作过程。

第三节　微波传感器

一、填空题

1．微波是一种特定波长范围内的__________波。

2．微波传感器主要由__________和__________两大部分组成，其中__________是产生微波的装置。

3．反射式微波传感器是通过检测被测物__________回来的微波功率或经过的时间间隔来测量被测量的。通常它可以测量物体的__________、__________、__________等参数。

4．遮断式微波传感器是通过检测__________接收到的微波功率大小，来判断发射天线与接收天线之间有无被测物体或被测物体的厚度、含水量等参数。

5．微波传感器可分为____________微波传感器和____________微波传感器。

6．微波温度传感器的工作原理是：当物体温度高于环境温度时，能够______________。

二、选择题

1．微波的主要特点不包括（　　）。

A．在空间能够直线传输　　B．遇到障碍物时易于反射

C．绕射能力强　　D．传输特性好

2．如果微波源与转换器合二为一，则称为（　　）微波传感器。

A．有源　　B．无源　　C．自振式　　D．他振式

3．微波温度传感器装在航天器上，可以用于微波遥测，其功能不包括（　　）。

A．遥测大气对流层状况　　B．进行大地测量与探矿

C．确定水域范围　　D．遥测车辆运行并提供导航

三、简答题

1．什么是微波？

2．常见的微波天线有哪几种？

3．简述微波定位传感器的基本工作原理。

4．微波传感器有哪些优点和缺点？

第四节 机器人传感器

一、填空题

1. ______________是区别第二代机器人与第一代机器人的重要特征。

2. 内部参数检测传感器是以机器人本身的__________来确定其位置，它安装在机器人的内部。

3. __________检测传感器用于获取机器人对周围环境或者目标物状态特征的信息，是机器人与周围环境进行交互工作的信息通道。

4. 机器人的触觉主要有__________和__________两个方面的功能。

5. 机器人的视觉系统通常是利用___________构成的。

6. 听觉传感器的工作原理多为____________和____________等。

7. 嗅觉传感器主要是采用气敏传感器、射线传感器等来对气体的__________进行检测。

8. 实用的味觉检测方法有____________和____________等。

二、选择题

1.（　　）是第三代机器人的重要标志。

A. 进行重复性的机械操作　　B. 计算机化

C. 采用传感器

2. 在移动机器人的过程中，一般通过（　　）可以使机器人在移动时绕开障碍物。

A. 触觉传感器　　B. 接近觉传感器　　C. 视觉传感器

3. 视觉系统主要解决的问题不包括（　　）。

A. 距离信息　　B. 明暗信息　　C. 色彩信息

4. 在存有放射线、高温煤气、可燃性气体以及其他有毒有害气体的恶劣环境中，有着重要应用的是（　　）。

A. 触觉传感器　　B. 嗅觉传感器　　C. 味觉传感器

三、简答题

1. 机器人传感器包括哪些类型?

2．视觉传感器如何获取外界信息？简述其基本工作过程。

3．接近觉传感器是如何工作的？举例说明其应用。

4．观察各种类型的车辆，如小轿车、大客车、大卡车、工程车甚至拖拉机等，在这些车辆中安装有哪些类型的传感器？安装在什么位置？分别有什么作用？